我的酷炫创客空间

来发动吧

能够驾驶、飞行与翻滚的小模型

【美】克丽斯塔·施耐德 著

解超 译

 上海科技教育出版社

给大朋友们的话

对你们来说，这是一次帮助小创客们学习新技能、获得自信心，并且做出酷炫作品的机会。本书中的活动都是为了帮助小创客们在创客空间中完成项目而设计的。有一些活动，孩子可能会需要更多的帮助才能完成，希望你们能够在他们需要的时候给予指导。鼓励他们尽可能地依靠自己的能力完成作品，并且在他们展现出创意的时刻献上掌声。

在开始之前，记得制订取用工具、材料以及清理场地的基本规则。在使用高温工具以及尖锐工具的时候，请确保现场有成年人的监护。

安全警示

本书中的一些项目需要用到高温工具或者尖锐工具，这意味着你需要在成年人的帮助下来完成这些项目。当看到如下的安全警示图标时，你就需要寻求成年人的帮助了。

高温警示!

这个项目中需要用到高温工具。

尖锐警示!

这个项目中需要用到尖锐工具。

目 录

创客空间是什么

想象一个充满活力的空间：在你的周围人声鼎沸，了不起的创造者与工程师们正在通力合作，创造着超级酷炫的作品。欢迎来到创客空间！

创客空间是人们聚在一起进行创造的地方，它也是创造能够动起来的作品的完美场所。这里配备了各种各样的材料与工具，但对创客来说，最重要的其实是他们的想象力。创客们梦想着做出能够行驶、飞行和滚动的作品，他们还想办法改进已有的作品。要做到这一点，创客们需要成为富有创造力的问题解决者。

你准备好成为一名创客了吗？

在开始之前

获得准许

在开展任何项目之前，都需要得到在场的成年人的允许，才能使用创客空间中的材料和工具。

懂得尊重

在别人需要的时候，分享你的材料和工具。用完某件工具之后，记得放回原位，以方便他人使用。

制订计划

在动手制作之前，需要通读制作说明，并且准备好需要的所有材料。在制作的过程中也要确保材料和工具摆放整齐。

确保安全

使用电源的项目具有一定的危险性，所以要小心。当你接线的时候要确保电源处于关闭状态，防止短路。当你有需要的时候，向成年人寻求帮助吧。

运动是如何产生的

能量可以驱动物体运动。势能与动能是物体运动中的两种主要的能量类型。势能是储存在物体中的能量。当物体动起来时，它就有了动能。例如，当你拉伸一根橡皮筋时，它会获得势能。当你松手时，势能转化为动能，使橡皮筋飞过房间。

电是另外一种能够产生运动的能量。当电动机接入一个电路中时，它就在电能驱动下开始运动。随后，任何与电动机相连的物体也一同运动起来。

有许多产品与材料可以让你用于制作令人惊叹的运动小装置。

科乐思(K'NEX)
与乐高(LEGO)

科乐思与乐高是两种完美适用于创客空间的产品。两者都有各种大小和形状的塑料零件。各个零件组合在一起形成了各种结构体。乐高机械组（LEGO Technic）则包含了更高级的乐高零件。这些套件中包含了圆杆、齿轮和其他类型的零件。去发挥你的想象力吧。

电子套件

让结构体动起来的方法是使用电路。Cubelets、Snap Circuits以及 littleBits 等产品可以让你既方便又安全地构建电路。这些产品以套件形式进行售卖，套件中包含了电动机、小灯泡、导线以及其他用于构建不同类型电路的材料。其中很多材料可以与科乐思以及乐高的部件混用。将这些产品组合起来，创造可以滚动、飞行、疾驰和滑翔的作品吧。

准备材料

以下是完成本书中的项目所需要用到的一些材料和工具。如果你的创客空间没有你需要的材料，你也不必担心。优秀的创客本身就是解决问题的高手。你可以寻找其他材料来代替，也可以将项目略加改造来适合你拥有的材料。记住，要勇于创新！

Cubelets 六件套装

K'NEX 卡口插片

K'NEX 连接片

K'NEX 圆杆

K'NEX 隔离套

K'NEX 375 件套装

K'NEX 车轮

LEGO 基础砖块

LEGO 轴套

LEGO 十字轴

LEGO 双面齿轮

LEGO 底座

LEGO 拐角杆和带孔砖块

LEGO 轮子

littleBits 小装置（Gizmos & Gadgets）套盒

尖嘴钳

9 伏电池

Snap Circuits SC-300 套盒

技术指南

设计·小·贴士

在搭建运动小装置的过程中犯错也没有关系。许多材料可以拆下来重复利用。所以，如果你对成品的工作方式或外观不满意，重搭一次吧！你也可以先画出你想要搭的结构体的设计图，这样在后续的搭建过程中就有参照方案了。

修改电路

Snap Circuits 和 Cubelets 等产品使电路的搭建变得容易。但是搭建电路仍然很棘手。正确地连接电池、导线以及其他部件很重要。如果电路没有正常工作，仔细地检查接线。你可能需要将导线跨接到另一根导线上，或者将某个元器件转个向。

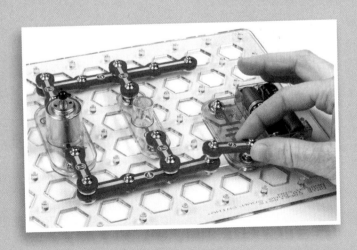

蒸汽压路机

让这台重型机器整平操场的地面吧!

你需要准备

硬纸筒、尺、剪刀、报纸

黑色颜料、画笔

K'NEX 375件套装（4个卡口插片、2根红色圆杆、2个小车轮、4根绿色圆杆、7根白色圆杆、2个浅灰色连接片、2个黄色连接片、2个深灰色连接片、4根蓝色圆杆、3个白色连接片、3根黄色圆杆、6个红色连接片、2个蓝色隔离套、2个大车轮、1个橙色连接片）

1. 割下一段8厘米长的硬纸筒。

2. 在工作台上铺上报纸。将纸筒涂成黑色，等待颜料变干。

❸ 在红色圆杆的一端套上一个卡口插片，插片的凸起应该指向外侧。

❹ 在圆杆上套一个小车轮，将其滑到一边，紧贴插片。

❺ 将圆杆穿过纸筒，在另一端再套上一个小车轮。然后在圆杆上套上另一个卡口插片，插片的凸起要指向外侧。

6. 将两个卡口插片向内推，紧贴住小车轮，确保纸筒位于圆杆中间，这就是压路机的滚筒。

7. 将一根绿色圆杆和一根白色圆杆用浅灰色连接片相接。然后将一个黄色连接片接到绿色圆杆上。再将另一根绿色圆杆接在黄色连接片的顶部。

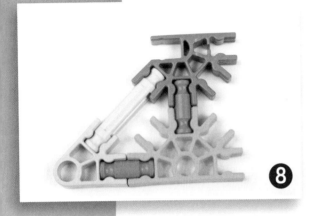

8 用一个深灰色连接片将顶部的绿色圆杆和白色圆杆相接，这是压路机的一块前侧板。

9. 重复第7、8步制作第二块前侧板。

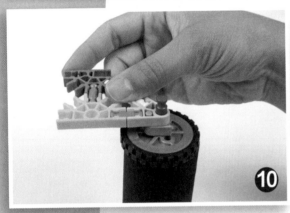

10 将滚筒的红色圆杆一端插入前侧板浅灰色连接片的圆孔中。卡口插片的凸起应该插在紧邻绿色圆杆的孔中。将另一块前侧板装到滚筒的另一端。

11. 用另一根红色圆杆连接两个深灰色连接片。

12 将两根蓝色圆杆插入白色连接片相对的两个槽中。接着将蓝色圆杆的另一端分别插入前侧板中的黄色连接片的圆孔中。确保白色连接片是直立的。这样滚筒部件便完成了。

13. 将一根蓝色圆杆与一个白色连接片相接。再将一根黄色圆杆接到白色连接片上，与蓝色圆杆相距两个槽。将一个红色连接片的末端槽接到黄色圆杆的顶部。

14. 将一根白色圆杆插入红色连接片的另一末端槽中。白色圆杆应该与蓝色圆杆指向同一方向。这是压路机的一个后车架。

15. 重复第13、14步完成第二个后车架。

16 拿起两个后车架，使它们朝向同一方向。将一根黄色圆杆穿过两个白色连接片。在黄色圆杆的两端各插入一个蓝色隔离套和一个大车轮。

17. 在黄色圆杆的两端各插入一个卡口插片，确保卡口插片的凸起插入了紧邻车轮中心的孔中。用一个橙色连接片将后车架顶部的两根白色圆杆相连。

18 将后车架的两根蓝色圆杆卡到滚筒部件的白色连接片槽中。

19 用3根白色圆杆与4个红色连接片围成一个正方形的三边。将正方形开口端的红色连接片与竖起的黄色圆杆相连。你的蒸汽压路机完成了！

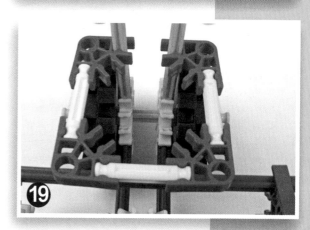

直升机停机坪

3……2……1……起飞!

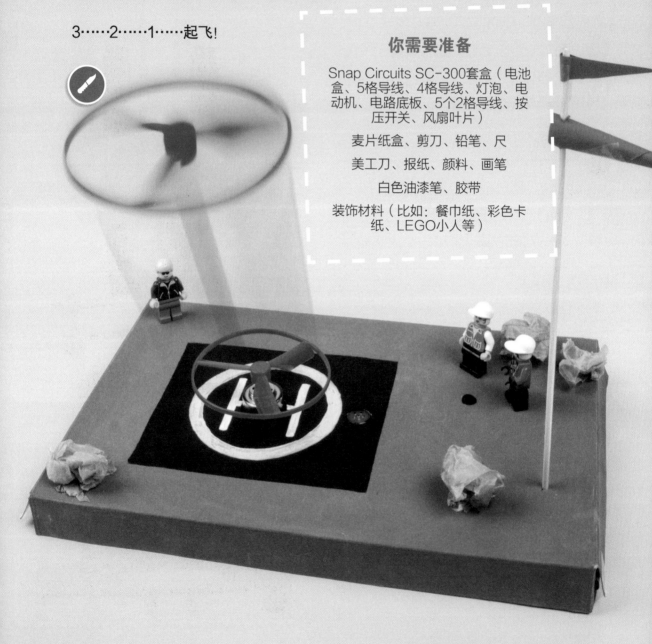

1 将电池盒、5格导线、4格导线、灯泡以及电动机如图所示安装到电路底板上。

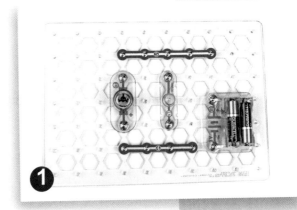

2 用2格导线如图所示将电路连接起来。

3 用按压开关将5格导线与电池盒的正极相连。将风扇叶片安装在电动机轴上。

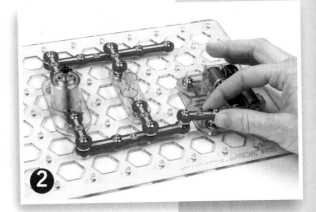

4. 按下按压开关，测试电路连接情况。此时电动机应该带动风扇叶片旋转。当你松开开关时，风扇叶片应当飞起来！如果不是这样，试着调转电动机方向。

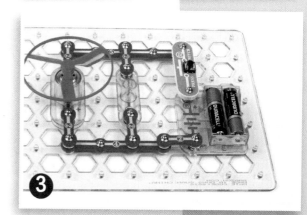

5. 将麦片纸盒完全展开，剪去下面的大底板。将纸板平铺在桌上，没有印刷的一面朝上。

6 在纸板各个翻边外侧2.5厘米处画一条直线，沿着线裁剪。

7 将风扇叶片从电路上拆下来。把电路底板放到没有印刷的纸板面上。通过在电动机周围的各个孔中画点来标记电动机的位置。用同样的方法标记灯泡与按压开关的位置。标记的点尽可能靠近灯泡和按压开关。

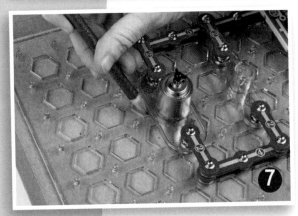

8. 将电路底板放到一边。将纸板上的各组点连成圆。请大人帮忙用美工刀割去这些圆。

9 将纸板盖到电路底板上，确保电动机能够从圆孔中露出来。检查灯泡和按压开关上面的小孔是否对齐。必要时可以将孔再割大一点。将纸板从底板上拿下。

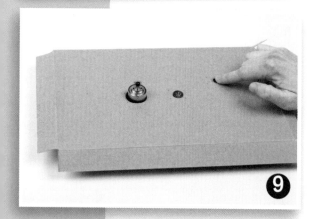

10. 在你的工作台铺上报纸，给纸板涂色，然后等它变干。在电动机孔的周围涂一个黑色正方形，等颜料干。

11. 在黑色正方形中画一个黄色的圆圈，等颜料干。

12 直升机停机坪上通常会有一个大大的字母H，飞行员可以从空中看到。用白色油漆笔在黄色圆圈的中间画一个H，等颜料干。

13 纸板涂色的一面朝下。将四条边折起并用胶带将角粘在一起。

14. 将纸板翻过来盖在电路底板上。确保电动机、灯泡以及按压开关都与正确的孔位对应。

15. 装饰停机坪，使用彩色卡纸、LEGO小人以及其他材料来制作旗帜、草丛以及任何你想到的东西。

16. 将风扇叶片放到电动机上，打开电源，按下按压开关。直升机起飞了！

有轨电车

挥挥你的手，看着电车开走!

你需要准备

Cubelets六件套装（电源方块、驱动方块、测距方块、闪灯方块）

纸板箱、剪刀、尺、橡皮筋

铅笔、订书机、包装纸、胶带

画图用纸、固体胶、打孔机

1. 将电源方块接在驱动方块上方。

2. 将测距方块与驱动方块接在一起。有传感器的那一面要背对驱动方块。

3. 启动电源。将你的手放在测距方块的传感器前方。此时这些方块应该会后退远离你的手。如果它们是横着走或者走向你的手，试着将测距方块的另一面接到驱动方块上。

4. 将闪灯方块接到驱动方块上，与测距方块相对。有灯泡的那面要背对驱动方块。

5. 现在来制作电车车身。剪开一个能包住这些方块的纸板箱。确保有一个较长的侧面是开口的。当盖住这些方块时，纸板箱的底边不能碰到地面。需要的话可以剪短纸板箱。

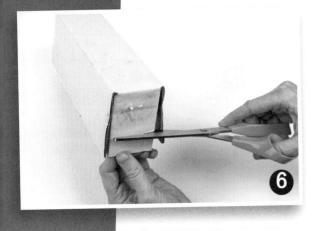

6 将纸板箱的一个短侧面沿底边剪去宽2.5厘米的一条，这是电车的尾部。

7 将一根橡皮筋剪开，一端打一个结。在距离第一个结大约5厘米处再打一个结。

8 在纸板箱的一个长侧面上距离车尾4.5厘米的底边做一个记号。用订书机将橡皮筋的一个结钉在箱子内侧的标记处。将另一个结钉在箱子相对的另一面内侧相同的位置。

9. 用包装纸包住纸板箱，用胶带固定。

10 装饰你的电车。在画图用纸上剪下车窗、车门以及前挡风玻璃。将它们粘在对应的位置。

11 在车头的位置打一个小孔，让灯泡能够透过这个小孔发光。

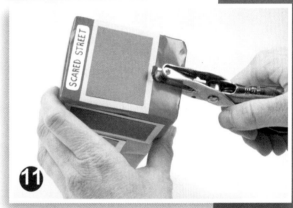

12 将电车翻过来。启动Cubelets，然后将它们翻过来，放进电车里，测距方块要放在车尾。将橡皮筋嵌入测距方块与驱动方块的缝隙中。

13. 放正你的电车，在它的尾部挥挥手。发生什么了？电车向前开走了!

飞鱼

站在陆地上，看着这条鱼飞上天空！

你需要准备

笔帽、剪刀、废木块、钉子

锤子、报纸、热熔胶枪和胶棒

筷子、光滑有孔的塑料珠或者玻璃珠

2枚中号或者大号的回形针

尖嘴钳、剥线钳、螺旋桨、尺

4根粗橡皮筋、强力胶布、卡纸、马克笔

1. 将笔帽上的笔夹剪去。将笔帽头朝下放在废木块上。用锤子敲击钉子，在笔帽的顶部打出一个孔。

2. 用热熔胶将筷子较细的一端粘在笔帽的侧面。

3. 用热熔胶将珠子粘在笔帽的钉孔上，两个孔需要对齐成一线，且不要让热熔胶堵住孔。等待热熔胶凝固。再在连接处的外围多加些热熔胶，使它牢固一点，等热熔胶凝固。

4. 用尖嘴钳将两枚回形针拉直。

5. 取一枚拉直的回形针，用钳子钳在距离其末端2.5厘米处，在回形针上弯出3个回环。这就是线圈。

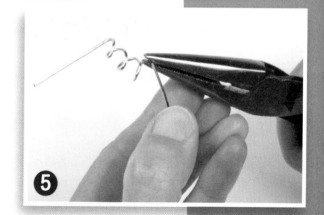

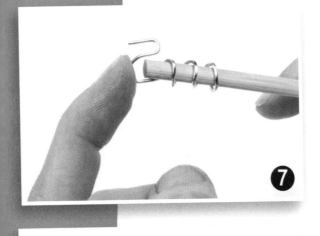

6. 将线圈的末端剪掉，用尖嘴钳将另一端弯成S形。

7 将线圈套到筷子的末端。让S形的钩子露在外面。

8. 旋转线圈，使钩子与笔帽在筷子的同侧。用热熔胶将线圈粘在筷子上。

9 用尖嘴钳在另一枚回形针的一端弯折出一个方钩。

10. 将回形针直的一端穿过螺旋桨的孔，方钩钩在孔的边上。

11 用热熔胶将回形针粘在螺旋桨上，让回形针的长脚一端处在圆孔的中心，保持直至热熔胶凝固。注意不要让螺旋桨的底部粘到热熔胶。

12 将回形针的长脚端穿过珠子与笔帽的圆孔。在笔帽下方2厘米处将多余的回形针剪去。在距离笔帽1.25厘米处将回形针弯折。

13 将4根橡皮筋两两串在一起。将两个橡皮筋串的一端都钩在螺旋桨上的钩子里，另一端都钩在筷子底部的钩子里。

14. 用胶布将筷子底部钩子的尖头包裹住。

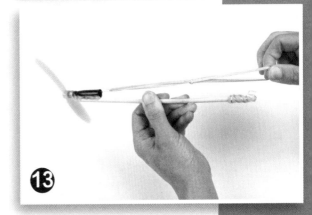

15 从卡纸上剪出一条鱼的形状，用马克笔进行装饰。将鱼用热熔胶粘在筷子上与橡皮筋相对的一侧。让鱼的顶部距离螺旋桨2.5厘米。

16. 握住筷子，一圈圈旋转螺旋桨来上弦。松开螺旋桨后马上松手，看到你的鱼儿飞上天了吧。

乐高赛车

制作一辆飞驰的电动赛车!

你需要准备

LEGO积木（6个轴套、6M十字轴、2个小车轮、2个1x2 Technic带孔砖块、基础砖块和底板、2根4M十字轴、2个1x4 Technic带孔砖块、20齿双面齿轮、7M十字轴、2个12齿双面齿轮、3x5 Technic拐角杆、2个大车轮）

littleBits（Gizmos & Gadgets）套盒（电动机联轴器、直流电动机模块、电源模块）

橡皮筋、9伏电池、发泡胶、剪刀

26

1 在6M十字轴的一端插入一个轴套，再依序穿入一个小车轮、两个 1x2 Technic带孔砖块和另一个小车轮。然后在轴的另一端再插入一个轴套。这就是前轮总装。

2 使用LEGO积木搭赛车的前半部分。它可以是任意你想要的样子，但要确保为车轮所预留的空间必须有4个凸点的宽度。将前轮总装固定上去，然后把赛车的前半部分放到一边。

3. 将一根4M十字轴穿入一个1x4 Technic带孔砖块一端的孔中。在轴上再插入一个20齿双面齿轮以及一个轴套。

4 将一根7M十字轴穿入砖块另一端的孔中，再在轴上穿入一个12齿双面齿轮。调节这两个齿轮使得它们能够啮合。最后将这两根轴穿过一个1x4 Technic带孔砖块。

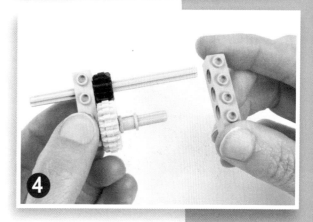

5. 在7M十字轴两端各插入一个轴套，按紧轴套以固定所有零件。

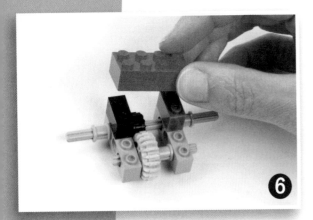

6 在两个 1 x 4 Technic 带孔砖块有7M十字轴穿过的位置上方各插入一个1X2基础砖块。用一个2x4基础砖块将这两个基础砖块相连。

7. 将一根4M十字轴穿过3 x 5 Technic 拐角杆短边中间的孔,再穿入一个轴套和一个12齿双面齿轮。

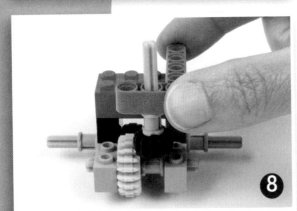

8 将十字轴翻过来,使12齿齿轮与20齿齿轮啮合到一起。将拐角杆的长边插在2x4基础砖块上。

9. 在7M十字轴的两端各穿入一个大车轮。这是后轮总装。

10. 搭一个5层高的LEGO砖块结构,最顶上的两块砖块必须是2x4的。将底部固定到2x8基础砖块上。

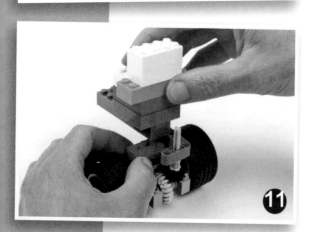

11 将2x8基础砖块插在后轮总装的2x4基础砖块上。

12. 将电动机联轴器与littleBits的电动机轴相连。

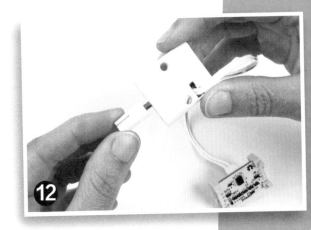

13. 用联轴器的另一端将电动机与后轮总装的4M十字轴接在一起。

14. 将电动机与LEGO砖块用橡皮筋捆绑在一起。

15. 用后轮总装上的2x8基础砖块与前轮总装接在一起。

16. 将电池装入电源模块，并与电动机模块相连。

17. 将电池、littleBits模块放到车上，必要时可以用发泡胶固定。

18. 启动电动机，赛车跑起来了!

创客空间的维护

　　要成为一名创客，不仅仅是完成作品而已，还需要在创作的同时与他人交流与合作。最棒的创客能够在创作的过程中不断学习，不断想出下次改进的方法。

收拾干净

　　当你的项目大功告成之后，别忘了整理属于你的工作区。将工具以及用剩下的材料整齐有序地放回原位，方便其他人找到它们。

存放妥当

　　有时候你来不及在一次创客活动期间完成整个项目。没关系，你只需要找到一个安全的地方存放你的作品，直到你有空再来完成它。

做一辈子创客

　　创客项目的可能性是无限的，从你的创客空间的材料中获得灵感，邀请新的创客到你的工作区，看看其他创客在创造什么。
　　永远不要停止创造哦！